我的家在中國・山河之旅 ⑦

勇攀世界
第 一 峯

珠穆朗瑪峯

檀傳寶◎主編　馮婉楨◎編著

中華教育

珠峯大本營
珠穆朗瑪峯是世界上最高的
山峯，海拔 8848.86 米。

納木錯

當雄

佘青唐古拉山

青藏鐵路

布達拉宮

拉薩

貢嘎機場

羊卓雍錯

珠穆朗瑪峯

目　錄

羊卓雍錯
其意為「白地湖」。

犛牛
青藏高原特有牛種，為
國家一級保護動物。

無限風光在險峯！珠穆朗瑪峯能為我們
展現不同的容顏。這是真的嗎？它的腳下唐
柳年年新綠，唐歌聲聲不息。這又是怎麼回
事呢？快快站上世界之巔，見證雄奇的珠穆
朗瑪峯！

風景大道
四月一路桃花。

雅魯藏布江

林芝

大峽谷

藏羚羊

「S」彎

文成公主
文成公主進藏時，把中原
先進的生產技術和文化帶
給藏族百姓。

世界最高峯

誰最高？

在我們居住的地球上，有很多山峯。你知道最高的山峯是哪一座嗎？下面的圖畫出了世界七大洲各自的最高峯，找找看。哪一座最高？

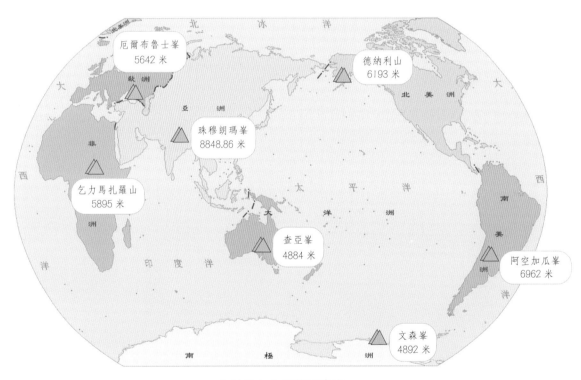

▲世界七大洲的最高峯

珠穆朗瑪峯是世界上最高的山峯，海拔 8848.86 米。它不是一座孤零零的山峯，而是喜馬拉雅山脈中的一座山峯。喜馬拉雅山脈擁有 110 多座海拔 7000 米以上的山峯，連綿起伏，就像一個「大屏風」，橫亙在中國、尼泊爾、印度等國的邊境地帶。

▲珠穆朗瑪峯周圍的喜馬拉雅山脈的部分景觀

　　珠穆朗瑪峯像巨人一樣，橫跨在中國和尼泊爾的邊境處，北坡在中國境內，南坡在尼泊爾境內。中國和尼泊爾乃至全世界，都愛這位巨人。中國人把它印在人民幣上，尼泊爾人把它畫在自己的國徽裏。

▲中國 1980 年版的 10 元紙幣樣票，紙幣上印的就是珠穆朗瑪峯。

▲尼泊爾國徽的中部圖案就是珠穆朗瑪峯

3

照片裏是他，還是她？

我們眼前看到的是風格完全不同的珠穆朗瑪峯的照片，時而像男人威嚴雄壯，時而像女人嫵媚多情。在不同的時間裏，珠穆朗瑪峯為我們展現出不同的容顏和表情。

如果由你來描述珠穆朗瑪峯，你會用「他」，還是「她」呢？

當有風吹過時，珠穆朗瑪峯又變成了調皮的男孩，舉起他可愛的旗幟，告訴人們風吹向哪裏。

珠穆朗瑪峯高大雄偉，加上太陽為其鍍上的金色服裝，令人望而生畏，如威嚴的父親一般。

照片中珠穆朗瑪峯峯頂的雲叫**旗雲**，形似旗幟。人們可以根據飄雲的位置和高度，推斷峯頂風力的大小。所以，珠穆朗瑪峯旗雲有着「世界上最高的風向標」之稱。目前，世人可以在世界第一高峯珠穆朗瑪峯和世界第二高峯喬戈里峯上見到旗雲。

早晨，太陽初升，朝霞拂過珠穆朗瑪峯，整座山峯顯得絢麗無比，就像一個披着彩紗的少女緩緩移來。

直入天空的三角形雪山巍峨高聳，她那像鵬鳥的頭部則裝飾着水晶飾物，這些水晶飾物閃耀着日月般的熠熠光輝；她的上方飄浮着潔白的流雲，並鑲着五色斑斕的彩虹；她的腳下，則遮蓋着煙雲和霧氣。

傍晚，落日的餘暉映射在山峯上，整座山峯顯得溫婉多情，就如母親伸出她有力的臂彎在輕喚孩子入懷。

珠穆朗瑪峯有英文名

這裏沒有「珠穆朗瑪峯」，只有「Mount Everest」。這是珠穆朗瑪峯的英文名字，中文直譯過來就是「額菲爾士峯」。

那珠穆朗瑪峯的名字究竟是甚麼意思呢？「珠穆朗瑪峯」的名字是怎麼來的，「Mount Everest」這個名字又是怎麼來的呢？

　　歷史上，我國西藏當地的居民最早發現了珠穆朗瑪峯，並親切地稱呼她為「朱母朗瑪」。在藏語中，「朱母朗瑪」是第三女神的意思。

　　康熙五十三年（1714年），康熙皇帝派出測量人員對珠穆朗瑪峯進行了測量。接着，在1717年印製的《皇輿全覽圖》上正式標出了珠穆朗瑪峯的名字和位置，叫「朱母朗瑪阿林」。「阿林」在滿語中是「山」的意思。「朱母朗瑪阿林」這個名字可謂是藏語和滿語音義合譯的結果。

　　之後，在1771年繪製的《乾隆內府輿圖》上，「朱母朗瑪阿林」改寫成了「珠穆朗瑪阿林」，「珠穆朗瑪」的名字就此固定沿用下來。

1852 年，英屬印度測量局從珠穆朗瑪峯南坡對珠穆朗瑪峯進行了測量，發現了珠穆朗瑪峯是世界上最高的山峯，並且以為自己是最早發現這座山峯的，就用當時印度測量局局長喬治·額菲爾士（George Everest）的姓氏命名了珠穆朗瑪峯，將其稱為「Mount Everest」。這樣，「Mount Everest」這個叫法開始在西方國家流傳開來，至今還常常可以見到。

　　在下圖中，你能找到珠穆朗瑪峯的位置嗎？

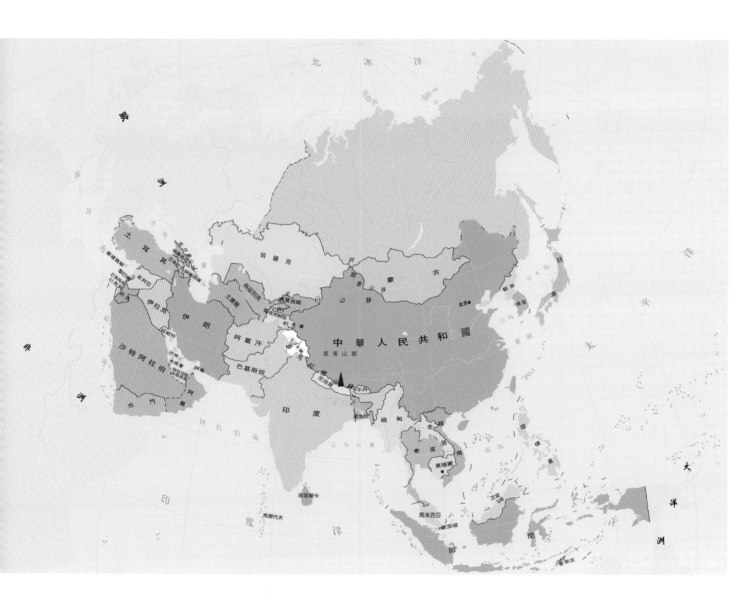

女神變高峯

傳說，遠古時代，珠穆朗瑪峯地區是一片美麗的大海，海邊草木繁茂，各種動、植物生機勃勃，人們在這裏安居樂業，過着富庶的生活。突然有一天，厄運來臨，一隻貪婪的怪物霸佔了這裏的良田，人們失去了安居的家園，陷入苦難。

這時，長壽五姊妹駕着五彩祥雲從天而降，降服了怪物，並化作五座高峯守護着這片土地的安寧。在這五座高峯中，珠穆朗瑪峯位居第三，稱為「第三女神」。人們因常年享用着高峯提供的雪水，非常感謝長壽五姊妹的幫助，也敬重她們所化作的高峯，高峯給這片土地帶來了生機、美景，讓這裏的人們對生活充滿希望和憧憬。

你來猜猜看，山峯分別是由哪幾位女神化成的？

▲珠穆朗瑪峯和它周圍的山峯

據説珠穆朗瑪峯地區曾是一片美麗的海洋。這可能嗎？

非常有意思的是，現代科學考察的結果證實了一個藏族傳說 —— 在遙遠的古代，珠穆朗瑪峯地區真的是一片汪洋大海，是喜馬拉雅古海的一部分。4000 萬年前，印度次大陸北漂撞到了亞洲大陸，使得喜馬拉雅山脈從海底一舉崛起，珠穆朗瑪峯也隨之拔地而起，成為世界上最高的山峯。

你知道嗎？珠穆朗瑪峯每年仍以一厘米左右的速度在升高！它這是不滿足「世界最高」的光環，追求進步的表現嗎？很多人對這一現象進行了富有精神氣質的解釋。但客觀原因是地殼運動。

今天，科學家能夠在珠穆朗瑪峯上找到海底古生物的化石。這裏已經成為一個非常重要的科考陣地。

8848.86 米

世界上離太陽最近的地方

世界脊梁

世界第三極

聖潔的雪山

世界上最寂靜的地方

人一生必去的十個地方之一

世界上最美的100 個地方之一

今天，人們給珠穆朗瑪峯賦予了很多榮譽稱號。

雪域掠影

誰住在珠穆朗瑪峯附近?

　　珠穆朗瑪峯北坡山腳是我國西藏自治區。這裏平均海拔在 4000 米以上。我國有 300 萬左右的同胞世世代代生活在這裏,其中百分之九十左右是藏族同胞。他們在這裏享受着陽光、藍天、白雲、高山和雪水,並在雪域高原上辛勤地耕作,創造出瑰麗獨特的文化。

「西藏」是甚麼意思?這和珠穆朗瑪峯有關係嗎?

　　珠穆朗瑪峯所在的喜馬拉雅山脈綿延幾千里,並常年被冰雪覆蓋。人們認為這裏是聖潔的地方,所以喜馬拉雅山脈所在的地區就被稱為「藏」。「藏」在藏語中就是「聖潔的地方」。加上西藏地區正好在我國整個版圖的西邊,所以就被稱為「西藏」。

　　藏族人常有「紅臉蛋」,這跟西藏地區海拔高、陽光照射強烈有關係。藏族人的服飾有寬大的衣袖,這非常適合跳他們喜歡的鍋莊舞。

唐歌不息

　　唐朝時期，文成公主從都城長安（今西安）遠嫁西藏和親，與吐蕃贊普松贊干布結為恩愛的夫妻。文成公主進藏後，熱愛這兒的人民，將從中原帶來的種植、碾磨、紡織、造紙等生產技術陸續傳授給藏族人民，並將從中原帶來的詩文、醫典、佛經和曆法等書籍在藏族地區傳播，促進了藏族地區經濟和文化的發展。今天，在西藏很多地方都可以看到文成公主廟，從中可見當地百姓對文成公主的愛戴。

松贊干布是西藏歷史上一位非常有作為的贊普。他在迎娶文成公主之後，為了表達對文成公主的愛意，特意為其修建了宮殿——布達拉宮。經過若干朝代的翻修擴建，布達拉宮已成為藏族地區藝術和文化的宮殿，是西藏歷史的博物館。宮殿本身就是中華民族古建築的精華之作，其中繪製的壁畫，以及收藏的文物和工藝品，都具有極高的歷史和文化價值。

　　藏族民歌中這樣唱道——

從漢族地區來的王后文成公主，
帶來不同的糧食共有三千八百類，
給西藏的糧食打下堅實的基礎。
從漢族地區來的王后文成公主，
帶來不同手工藝的工匠五千五百人，
給西藏的工藝打開了發展的大門。
從漢族地區來的王后文成公主，
帶來不同的牲畜共有五千五百種，
使西藏的乳酪酥油從此年年豐收。

▲ 今天西藏地區文成公主廟裏的文成公主雕像

今天，在西藏拉薩的街頭，我們常會看到盤旋生長的古柳樹。這可不是普通的柳樹哦！它叫唐柳。

▲西藏拉薩街頭的唐柳

比比看，這棵唐柳像不像回首東望的文成公主？

▲回首東望的文成公主

傳說，西藏原來沒有柳樹，文成公主進藏後，將離開唐朝都城長安時所帶的柳枝親手種在了大昭寺周圍。自此，柳樹在高原扎根，開始生長繁衍。文成公主時而會思念家鄉，回首東望中原。這些柳樹就像懂得文成公主的心思一樣，也大多左側盤旋，如回首東望的姿態一般。

如今，唐柳年年新綠，與文成公主唱響的唐歌流傳不息。

◀布達拉宮是世界上海拔最高的宮殿，被人們稱為「雪域明珠」。

13

風馬旗的祝福

　　在西藏的山河、路口、寺廟、民舍等地方，人們隨處可見掛在繩索上的一串串小旗，旗子的顏色有白、藍、黃、綠、紅五種，上面一般繪製有佛教圖案。這就是風馬旗，藏名叫「隆達」，也有人稱之為「祭馬」「祿馬」「經幡」「祈願幡」。風馬旗在西藏象徵着天、地、人、畜的和諧吉祥。所以，掛上風馬旗是一種祈願和祝福。

除了風馬旗，西藏特有的人文景觀還有很多，如轉經筒、瑪尼石和瑪尼堆。這些都是藏民祈福的方式。

▲轉經筒和轉經的婦人

▲瑪尼石

▲瑪尼堆

「瑪尼」是藏語，是「六字真言」的簡稱，即佛教中的「唵嘛呢叭咪吽」。瑪尼石就是刻着佛教六字真言、神像或圖案的石頭。瑪尼堆是用瑪尼石堆砌而成的石堆。

我想去西藏

如果你想去西藏，可以有很多種方式，你來選擇一種吧！

A. 像文成公主當年一樣車馬顛簸幾個月到達

B. 騎自行車自己探路到達

C. 開汽車走公路到達

D. 坐火車經鐵路到達

E. 乘飛機到達

今天，世界屋脊不再是高不可攀的地方了。這裏已經擁有了各種類型的交通工具，公路、鐵路和飛機任你選擇，並且最快幾個小時就能到達西藏或者珠穆朗瑪峯腳下。西藏全區一共有五個機場可供選擇；除了青藏公路，人們還可以選擇另外四條國道進藏，也可經發達的地區公路網進藏，到自己想去的地方。

坐火車到西藏是一個不錯的選擇！青藏鐵路上的火車很特別哦！

1. 車上有**開闊的玻璃車窗**，可以欣賞車窗外高原上的美景，而且車窗玻璃有防紫外線功能，不用擔心被陽光曬傷。

2. 車上有**吸氧設施**，可以隨時呼吸到充足的氧氣，以防止出現高原反應。

3. 車廂**封閉性很好**，不怕高原上的強風沙和雨雪。

4. 車廂內外裝飾突出了藏族風格，而且都使用了**藏語、漢語和英語**三種文字。

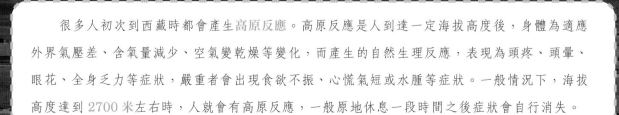

很多人初次到西藏時都會產生**高原反應**。高原反應是人到達一定海拔高度後，身體為適應外界氣壓差、含氧量減少、空氣變乾燥等變化，而產生的自然生理反應，表現為頭疼、頭暈、眼花、全身乏力等症狀，嚴重者會出現食欲不振、心慌氣短或水腫等症狀。一般情況下，海拔高度達到 2700 米左右時，人就會有高原反應，一般原地休息一段時間之後症狀會自行消失。

青藏鐵路又被稱為「天路」，猜猜看原因是甚麼？青藏鐵路東起青海西寧，西至西藏拉薩，在青藏高原上蜿蜒穿行 89 個站，近 2000 公里，連通了高原與平原地形。

這是世界上海拔最高、線路最長的高原鐵路。修建青藏鐵路是中國人完成的一件幾乎不可能完成的事情。青藏鐵路近一半的路線都在海拔 4000 米以上穿行，翻越唐古拉山的鐵路最高點在海拔 5000 米以上。試想，在平常人走路都困難的情況下，鐵路工人要在高海拔地帶和無人區架設鐵路，甚至要想方設法讓鐵路翻過或者穿過高山，那是何等的艱辛！

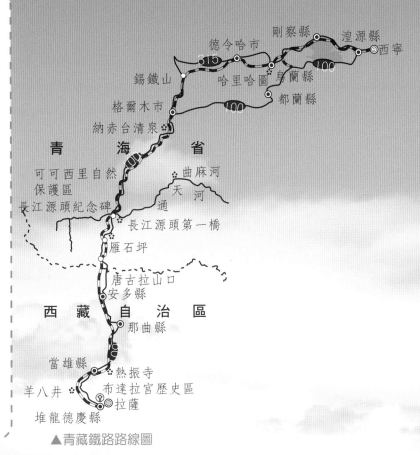

▲青藏鐵路路線圖

最人性化的公路

青藏公路被稱為「最人性化的公路」，原因是甚麼呢？公路上的紅綠燈又是為誰設置的呢？

紅綠燈當然是為車輛、行人設置的，不過，也可以說是為野生動物設置的。

1996 年，青藏公路上出現了中國第一次為野生動物通行設立的紅綠燈。每當紅燈亮起，公路上的車輛都停車等候，公路上一片寂靜。成羣的藏羚羊在牠們確保沒有危險的情況下穿越公路。這個紅綠燈表達了人們對藏羚羊的保護與關愛，對野生動物的關愛，以及國家對西藏的關愛。

▲野生動物穿過青藏公路

雪域衞士

你知道嗎？在珠穆朗瑪峯那麼高的地方，還有一個派出所。這個派出所是世界上海拔最高的派出所（海拔 5000 多米）。派出所裏有 20 多名邊防警察，負責珠穆朗瑪峯北側的治安防範、邊防勤務、打擊違法犯罪，以及為遊客提供服務。

▲珠穆朗瑪峯邊防派出所門口站崗的邊防戰士

與一般的警察相比，珠穆朗瑪峯派出所的邊防警察有更多的本領，包括適應高原氣候，掌握高山救援技能和熟悉多國語言。想要到這裏做警察，可是要經過層層選拔的呢！

為甚麼這裏的警察要具備這些素質呢？因為每年都會有很多從世界各地來到珠穆朗瑪峯旅遊或登山者。海拔 5200 米的珠穆朗瑪峯大本營已經成為遊客的旅遊生活區和登山者的營地。如果有遊客或登山者在這裏遇到了麻煩或危險，珠穆朗瑪峯派出所的邊防警察是大家首先可以求助的對象。

小黃是珠穆朗瑪峯派出所的一名警察。他笑着給我們講了一件工作中遇到的趣事：一次，大風把石頭捲了起來，一下子就把派出所警務室的玻璃給砸碎了。大家還沒反應過來，又一陣風吹進警務室，把桌子上的電腦給掀了起來，大家趕緊用棉被護住電腦。緊接着，一抬頭，警務室的房頂就不見了。事後，大家開玩笑：「幸虧是大風，要不然房頂不是被颳跑，而是會砸下來掉到腦袋上呢！」面對惡劣的工作環境，邊防警察依然保持樂觀的精神。

　　現在，珠穆朗瑪峯派出所的警務室建得非常牢固，並且裝上了擋風玻璃，足以應對十二級的大風了。

▲珠穆朗瑪峯派出所

　　珠穆朗瑪峯地區的氣候非常多變，忽而晴空萬里，忽而暴風驟雨，被人稱為「十里不同天」。珠穆朗瑪峯峯頂終年積雪，最低氣溫平均-34℃，**空氣稀薄**，經常颳七八級的大風，甚至是十二級大風。

登頂與守護

登頂第一人

作為世界之巔，珠穆朗瑪峯成了全球登山者的最高目標。每年都有數千人來到珠穆朗瑪峯山腳下，遊覽或嘗試攀登珠穆朗瑪峯。但是，成功登頂的人是有限的，很多人中途折返，還有一些人喪生於萬丈雪谷之中。

那誰是第一個登上珠穆朗瑪峯的人呢？

▲希拉里和丹增（引自《信息時報》）

1953 年 5 月，英國登山隊隊員埃德蒙·希拉里（Edmund Hillary）和雪巴人丹增·諾蓋從珠穆朗瑪峯南側（尼泊爾境內）登頂。這是人類第一次登上珠穆朗瑪峯。

丹增·諾蓋

一個人與大自然越親近，就越容易對它產生敬畏之心。丹增·諾蓋曾説：「站在頂峯我看到了以前所未見、今後也不會再見到的景象，這種感覺既美好又恐怖。」

埃德蒙·希拉里的回報

在登頂之後的歲月中，埃德蒙·希拉里把他的主要精力放在了提高喜馬拉雅山區人民的生活水平和環境保護上。他成立了喜馬拉雅基金會（Himalayan Trust），來幫助尼泊爾人建學校、辦醫院以及鋪設橋樑。

鳥無法飛越的地方

　　1921 年至 1938 年，英國曾經八次派出登山隊從北坡攀登珠穆朗瑪峯，甚至使用了輕型飛機，但都沒能成功登頂。而且，其中出現了多次人員傷亡。一些人開始認為「珠穆朗瑪峯是連飛鳥也無法飛越的地方」。

▼王富洲、貢布和屈銀華（引自新華網）

　　1960 年 5 月 25 日，我國登山運動員王富洲、貢布和屈銀華登上世界最高峯，這是人類首次從珠峯北側登頂成功，也是中國人第一次登頂珠穆朗瑪峯。從技術角度上說，從中國西藏一側北坡路線登頂珠峯比在尼泊爾一側南坡路線更難。所以，這次中國人獨立從北坡登頂具有十分重要的意義。

不同的 No.1

▲喬丹（引自新華網）

一天，9 歲的美國男孩喬丹・羅麥羅（Jordan Romero）在去學校的路上看到了一幅壁畫，上面畫了世界七大洲的最高峯。當時，喬丹就立下決心——登上世界七大洲的最高峯。在家人的支持下，喬丹開始了自己的登山歷程——乞力馬扎羅山（Kilimanjaro，非洲）、厄爾布魯士峯（Elbrus，歐洲）、阿空加瓜峯（Aconcagua，南美洲）……

對喬丹來說，珠穆朗瑪峯是整個計劃中最大的挑戰。因為這是世界上最高的山峯。當然，對所有的登山愛好者來說，這是一個巨大的挑戰，也是一個極度的誘惑。

2010 年，喬丹 13 歲，他終於登上了珠穆朗瑪峯，成為世界上年齡最小的登上世界最高峯的人。

在攀登珠穆朗瑪峯的歷史上，有一些讓人記憶深刻的人物——

日本人田部井淳子和中國人潘多，兩位女性在 1975 年分別從南坡和北坡登頂珠穆朗瑪峯，成為世界上第一批登頂珠穆朗瑪峯的女性。

美國人湯姆・惠特克（Tom Whittaker）和維亨邁爾（Erik Weihenmayer），一個人失去一條腿，一個雙目失明，在 1998 年和 2001 年登頂珠穆朗瑪峯，分別成為世界上第一位登頂珠穆朗瑪峯的肢殘人士和盲人。

我國黑龍江勇士閻庚華於 2000 年第一個民間單人挑戰珠峯，並登頂成功，但不幸的是在下山途中遇難；2002 年，又一名勇士王天漢終於單人挑戰珠峯，獲得成功。

尼泊爾人明・謝爾錢，他在 2008 年 5 月 25 日凌晨以 76 歲高齡成功登頂珠穆朗瑪峯。

在攀登珠穆朗瑪峯的歷史上，有一些值得矚目的事件——

⊙ 不帶氧氣瓶登頂珠穆朗瑪峯。

1978 年，奧地利人彼得·哈貝爾（Peter Habeler）和意大利人萊茵霍爾德·梅斯納爾（Reinhold Messner）是世界上首次不帶氧氣瓶成功登頂珠穆朗瑪峯的人。

⊙ 實現南北跨越珠穆朗瑪峯。

1988 年，中國、尼泊爾和日本聯合組隊，同時從南坡和北坡登上珠穆朗瑪峯峯頂，並實現了南北跨越。

⊙ 奧運火炬在珠穆朗瑪峯上點燃。

2008 年，中國運動員接力傳遞，在珠穆朗瑪峯上點燃了奧運火炬。

從這些人物和事件中我們看到的是甚麼呢？

⊙ 意志力、不斷挑戰自我的精神；

_____

_____

_____

_____

_____

_____

_____

_____

誰是勝利者？

很多人會問：「為甚麼有那麼多人熱衷於攀登珠穆朗瑪峯呢？」

「成就感啊！」

「甚麼樣的成就感呢？」

有人一副勝利的表情：「我登頂了！」

有人垂頭喪氣：「我快到山頂時折返了！」

有人被人悼念：「他不幸離世了！」

有人愉悅地說：「我和同伴一起登上了珠穆朗瑪峯！」

有人平靜地說：「我看見很多人在登珠穆朗瑪峯。」

有人興奮地說：「我看到了珠穆朗瑪峯！」

有人深沉地說：「山擁抱了我！」

那麼，你呢，你在尋找一種甚麼樣的成就感？

山在那裏

1924 年，《紐約時報》的記者問喬治·馬洛里（George Mallory）：「你為甚麼要攀登珠穆朗瑪峯？」

「因為山在那裏！」已經擁有「登山家」盛名的馬洛里隨即回答。

採訪結束之後，馬洛里開始了他的珠穆朗瑪峯之旅。這是英國歷史上第三支攀登珠穆朗瑪峯的隊伍。這一次，馬洛里沒有走下珠穆朗瑪峯，而是永遠地留在那裏。76 年後，也就是 1999 年，馬洛里的屍體才被發現，他是從高處跌落身亡的。

▲ 喬治·馬洛里（左二）和他的朋友（引自《紐約時報》）

「因為山在那裏！」有人說，這句話激發了無數人的狂野夢想——登上珠穆朗瑪峯。這個夢想充分彰顯了人類**征服自然**的理念和意識。

在珠穆朗瑪峯面前，更多的人感到的是人類自身的**渺小**，並為珠穆朗瑪峯的雄偉、美麗和險峻所震撼。

珠穆朗瑪峯上的挑夫

在很多人看來，一生中登頂一次珠穆朗瑪峯就很自豪了。尼泊爾的雪巴人阿帕·謝爾巴卻能夠先後 22 次參加珠峯登山活動，21 次登頂。這一紀錄至今無人打破。

雪巴人在人類攀登珠穆朗瑪峯的歷史上功不可沒，有着「喜馬拉雅山的挑夫」之稱。

由於長期生活在喜馬拉雅山周圍的高海拔地區，雪巴人比普通人擁有更大的肺活量，更能忍受高山的缺氧環境，所以，他們似乎天生就是登山健將。

從 20 世紀 20 年代起，雪巴人就充當起嚮導和挑夫的角色，為珠穆朗瑪峯上的登山者提供幫助，幾乎每支登山隊伍中都有雪巴人。例如，世界上首次登頂珠穆朗瑪峯的丹增·諾蓋也是雪巴人。

雪巴人，是一個散居在喜馬拉雅山脈兩側的民族，人口分佈在中國、尼泊爾、印度和不丹等多國的邊境上，但主要居住在尼泊爾境內。雪巴人，**藏語**的意思是「來自東方的人」。今天雪巴人的許多民族風俗與中國的藏族相同，並且通用藏文。

尼泊爾的雪巴人以生命為代價創下了三個「**世界之最**」：成功攀登珠峯人數最多，無氧登頂珠峯人數最多，珠峯遇難人數最多。

隨着**全球變暖**，現在登山變得越來越**困難和危險**了。為甚麼呢？

阿帕表示：「山坡上冰雪已經融化，坡面岩石裸露，釘鞋無處着力，攀登比以往更加艱難，同時，沒有冰雪的覆蓋，岩石更容易滑落，這對所有登山者來說都意味着路途凶險。」

中國有 1200 名左右的雪巴人，主要居住在中尼邊境樟木口岸的立新公社（包括雪布崗）和定結縣的陳塘區。樟木口岸位於喜馬拉雅山脈南麓的溝谷坡地上，風景優美，氣候宜人。同時，它地處中尼國際公路的咽喉之地，是西藏最大的邊貿中心口岸。今天，聚居在這裏的雪巴人憑藉着得天獨厚的地理優勢，很多人已經成為活躍的邊境貿易商人，還有一些人專門為慕名前來的遊客提供旅遊服務。

▼如此美麗的一座小鎮，你能想像這是在珠穆朗瑪峯山腳下嗎？

留給珠穆朗瑪峯的是甚麼？

這些垃圾是誰扔的？

2013 年，距人類第一次登頂珠穆朗瑪峯已有 60 年。這 60 年裏，到達珠穆朗瑪峯的人們給這裏留下了大量的垃圾。粗略計算，這些垃圾每年約有 50 噸，它們已經嚴重破壞了珠穆朗瑪峯的生態環境。

這些垃圾是誰帶來的呢？登山者？為登山者提供生活和旅遊服務的藏民？還是……

現在，珠穆朗瑪峯上的垃圾問題已經引起國際社會的廣泛關注。很多志願者組隊到珠穆朗瑪峯大本營周圍清理垃圾，珠穆朗瑪峯派出所的邊防警察也堅持利用業餘時間清理垃圾，甚至有登山隊伍專門登上珠穆朗瑪峯峯頂清理垃圾。

清理垃圾的隊伍越龐大，是不是說明垃圾就越多呢？珠穆朗瑪峯上的垃圾究竟該如何處理呢？恐怕這需要每一位到珠穆朗瑪峯的人自律，將自己製造的垃圾及時帶出珠穆朗瑪峯自然保護區。或者，這需要我們在人類足跡到達的每一個角落，都建立起規範的監督制度。

簡而言之，我們應該在世界最高峯上找到我們自己人生的最高峯。

自律書

1. 不亂丟垃圾。

2. 監督別人不亂丟垃圾。

3. 保護珠穆朗瑪峯的環境。

4. 保護地球環境。

中國人的梯子

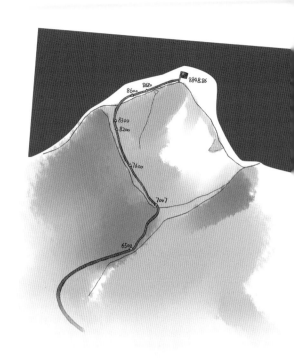

在珠穆朗瑪峯 8700 米高度處，有一道高達 6 米多的岩石峭壁，左側是無法攀越的斷岩，右側是深不見底的北壁大山谷。這段又光又滑的岩壁幾近垂直 90 度，沒有任何可以手抓或腳蹬的支點。這裏被登山者稱為「第二階梯」，是攀登珠穆朗瑪峯過程中的三個難關之一，也是最高的一個難關。

1960 年，中國登山運動員劉連滿、貢布、屈銀華和王富洲四人來到了第二階梯，這是人類歷史上第一次從北坡登上世界第一高峯的壯舉。面對着這道高達 6 米多的岩石峭壁怎麼辦？一個托一個，搭建人梯！劉連滿果斷地托起了屈銀華，屈銀華脫掉釘鞋站在劉連滿的肩膀上往岩石上敲入冰錐……最後，他們依靠人梯成功登頂。但是，劉連滿這個「底座」因體力消耗過大，不得不放棄登頂，而屈銀華因脫鞋導致雙腳凍壞。

1975 年，中國探險隊第二次攀登珠峯。根據老一代登山運動員所遇到的情況，他們事先準備了可以折疊的鋁合金梯子，在第二階梯的陡壁上架起了高達 5 米的金屬梯，9 位探險家順利登了上去。為了方便今後的探險者，讓更多的後來者實現他們征服世界第一高峯的理想，下山時，他們索性將梯子牢牢地固定在屈銀華 15 年前所打的冰錐上。

從那時起到今天，各國探險家都是從這裏順利登上珠峯峯頂的，因此他們對中國探險家的這一舉動讚賞不絕，親切地稱這把梯子為「中國人的梯子」！

▲現代登山運動員借助梯子攀登珠穆朗瑪峯

我的家在中國・山河之旅 ⑦

勇攀世界
第 一 峯 | 珠穆朗瑪峯

檀傳寶◎主編　馮婉楨◎編著

責任編輯：吳黎純　楊 歌

裝幀設計：龐雅美

排　版：龐雅美　鄧佩儀

印　務：劉漢舉

出版 / 中華教育

香港北角英皇道 499 號北角工業大廈 1 樓 B

電話：（852）2137 2338

傳真：（852）2713 8202

電子郵件：info@chunghwabook.com.hk

網址：https://www.chunghwabook.com.hk/

發行 / 香港聯合書刊物流有限公司

香港新界荃灣德士古道 220-248 號

荃灣工業中心 16 樓

電話：（852）2150 2100

傳真：（852）2407 3062

電子郵件：info@suplogistics.com.hk

印刷 / 美雅印刷製本有限公司

香港觀塘榮業街 6 號

海濱工業大廈 4 樓 A 室

版次 / 2021 年 3 月第 1 版第 1 次印刷

©2021 中華教育

規格 / 16 開（265 mm x 210 mm）